M. C. CUREY

CAPITAINE D'ARTILLERIE

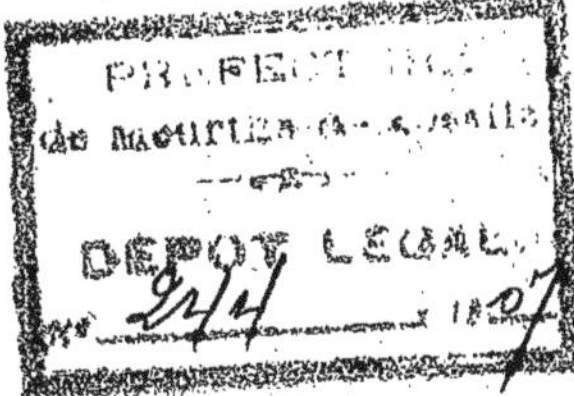

TÉLÉMÈTRE DE CÔTE

A GRANDE BASE HORIZONTALE

Système du colonel russe DE LA LAUNITZ

AVEC 22 FIGURES ET 1 PLANCHE HORS TEXTE

BERGER-LEVRAULT ET Cie, ÉDITEURS

PARIS — 5, RUE DES BEAUX-ARTS, 5

NANCY — 18, RUE DES GLACIS, 18

1907

M. C. CUREY

CAPITAINE D'ARTILLERIE

TÉLÉMÈTRE DE CÔTE

A GRANDE BASE HORIZONTALE

Système du colonel russe DE LA LAUNITZ

AVEC 22 FIGURES ET I PLANCHE HORS TEXTE

BERGER-LEVRAULT ET Cie, ÉDITEURS

PARIS | NANCY
5, RUE DES BEAUX-ARTS, 5 | 18, RUE DES GLACIS, 18

1907

Extrait de la *Revue d'Artillerie* — Octobre 1905

TÉLÉMÈTRE DE CÔTE

A GRANDE BASE HORIZONTALE

Système du colonel russe DE LA LAUNITZ

La Russie, ayant à défendre beaucoup de côtes basses où l'usage du télémètre de dépression est inadmissible, a cherché depuis longtemps à employer, pour le tir à la mer, des télémètres à grande base horizontale. On sait que ces derniers comportent deux points d'observation A et B (fig. 1) assez éloignés l'un de l'autre et communiquant entre eux de façon à permettre de construire un triangle AB_1C_1 semblable au triangle formé par la base AB et l'objectif C; la longueur AC_1 ainsi obtenue est proportionnelle à la distance AC que l'on veut déterminer.

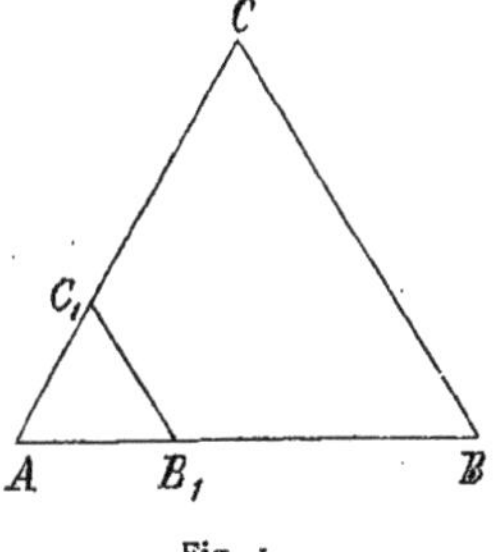

Fig. 1.

Le premier télémètre de ce genre qui fut employé en Russie est dû au général *Petrouchevskii* (fig. 2).

L'un des postes est constitué par une planchette munie d'une lunette qui peut pivoter autour d'un axe B et

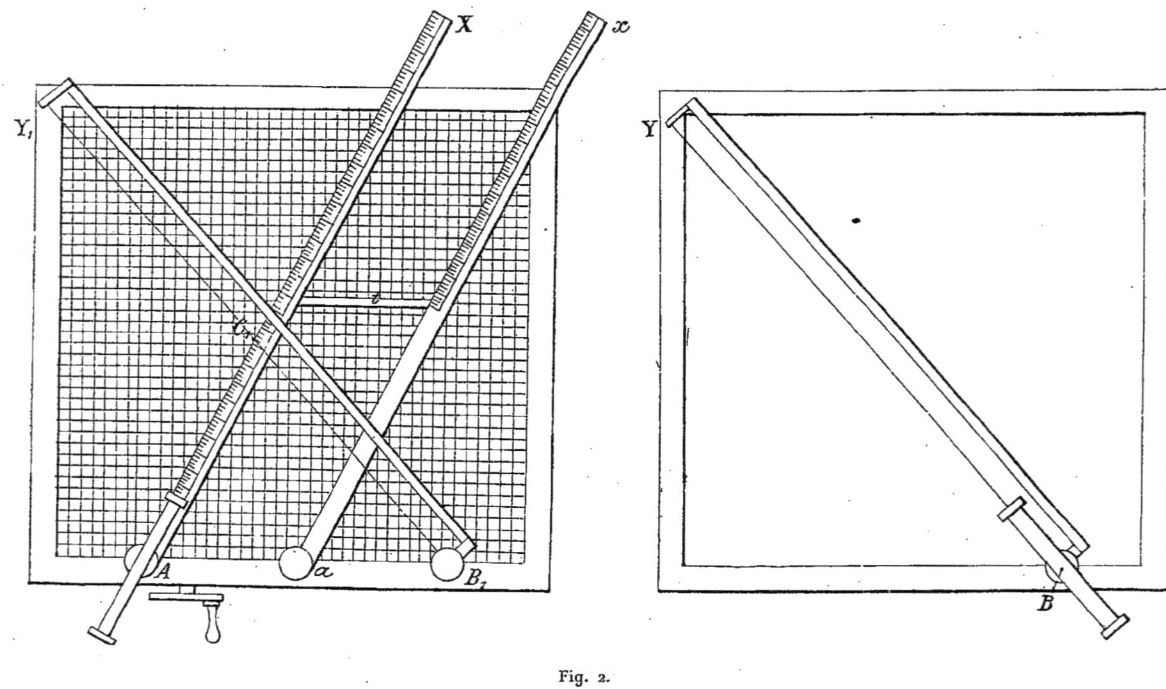

Fig. 2.

qu'un observateur maintient constamment dirigée sur le but ; le fil BY qui est tendu sur une sorte d'archet se déplace avec la lunette et reste toujours parallèle à l'axe optique de cette dernière. L'autre poste comporte une planchette quadrillée sur laquelle un archet B_1Y_1 pivote autour de B_1 en restant constamment parallèle à BY grâce à une transmission électro-mécanique ; une autre lunette solidaire de la règle graduée AX est constamment dirigée sur le but par un deuxième observateur. L'intersection C_1 du fil B_1Y_1 avec le biseau de la règle AX représente la position de l'objectif.

Dans le cas où la portée serait trop grande pour être mesurée sur AX, on diminue l'échelle de moitié, en faisant la lecture sur la règle *ax* maintenue toujours parallèle à AX par la barre de liaison *t* qui pivote autour du milieu *a* de AB_1.

On ne peut faire avec ce télémètre que du tir à pointage direct et les deux appareils d'observation ne sont pas interchangeables entre eux. Aussi lui a-t-on substitué le télémètre *Kholodovskii* (fig. 3) qui permet, dans

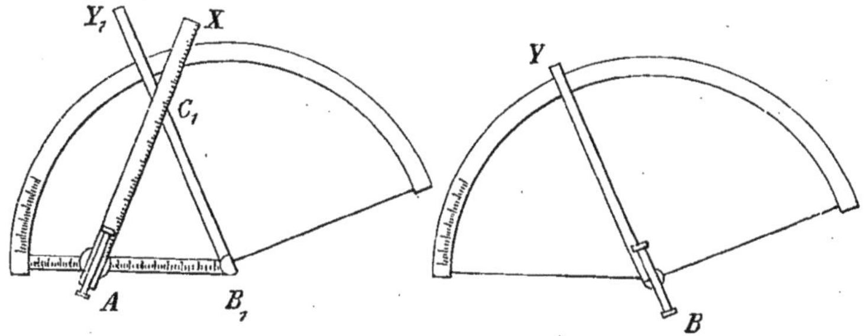

Fig. 3.

une certaine mesure, le tir à pointage indirect grâce à l'emploi de limbes gradués comme les circulaires des bouches à feu, mais les deux appareils ne sont pas encore interchangeables. Le jeu des règles est le même que précédemment, avec cette seule différence que BY et B_1Y_1 sont maintenues parallèles par deux hommes qui communiquent téléphoniquement.

Puis, vers 1896-97, sont venus presque simultanément les télémètres *de Charière* et *de la Launitz* :

Le premier est à transmission électro-mécanique : il possède un système de correction automatique du mouvement du but et une base auxiliaire, comme le télémètre du colonel Rivals expérimenté à Lorient en 1896. Il n'existe encore qu'un seul exemplaire de cet instrument [1].

Le second, qui a donné de bons résultats dans la pratique, a été considérablement amélioré depuis sa création. Comme il est devenu réglementaire en Russie, nous en décrirons en détail le dernier modèle après avoir au préalable exposé l'ensemble des principes qui ont guidé l'inventeur.

CONDITIONS GÉNÉRALES D'ÉTABLISSEMENT D'UN TÉLÉMÈTRE DE CÔTE

Dans le tir de l'artillerie de campagne, on peut facilement se passer de télémètre. Le canon, en raison du faible prix de revient des projectiles et de leur grand nombre, est son propre instrument de mesure. De plus, sa mise en action souvent instantanée ne permettrait pas dans bien des cas de déterminer au préalable les distances. Même dans le cas où une batterie se trouve en position de surveillance, si elle peut sans inconvénient dévoiler sa position, elle pourra souvent exécuter du tir

(1) Nous expliquons plus loin le rôle de la base auxiliaire. — Le lieutenant-colonel de Charière avait construit quelques années auparavant un télémètre à base *verticale* avec transmission *électrique* aux batteries des indications obtenues.

de repérage, c'est-à-dire chercher à coups de canon les *distances balistiques* des principaux points du terrain, un télémètre ne lui donnant généralement que les *distances topographiques* souvent fort différentes.

De même, dans le tir à la mer, il ne paraît pas qu'une installation télémétrique soit nécessaire pour les canons de petit calibre, qui exécuteront le plus souvent un tir de circonstance assez analogue au tir de campagne.

Il en est tout autrement avec les bouches à feu de moyen ou de gros calibre. L'élévation du prix des munitions, les difficultés de ravitaillement ainsi que l'obligation de produire rapidement de l'effet obligent l'artilleur côtier à évaluer aussi exactement que possible les distances.

Examinons donc quelles sont les conditions qui s'imposent à un télémètre de côte.

Conditions indépendantes de la nature de la base

I. Précision. — Il est inutile d'exiger une précision supérieure à celle des bouches à feu, c'est-à-dire que, dans des conditions normales de temps et d'état de la mer, avec un personnel convenablement exercé et sur un but *essentiellement mobile* marchant à une vitesse moyenne, l'instrument doit donner des mesures *exactes, aux écarts probables près*.

Il importe absolument, dans les essais, d'opérer non pas sur des buts fixes, mais sur des buts essentiellement *mobiles*. Le télémètre de côte n'est pas un instrument de topographie et il faut qu'il soit organisé spécialement pour suivre les navires dans leur mouvement.

Cela a d'autant plus d'importance que la batterie tire plus lentement (soit par suite de la manœuvre de la bouche à feu, soit à cause de la difficulté du ravitaillement ou de la méthode de tir employée) et que les projectiles coûtent plus cher. En conséquence, il est avantageux que le télémètre donne automatiquement la correction relative au mouvement du but pendant le temps qui s'écoule entre la fin de la mesure télémétrique et l'arrivée du projectile au but.

On obtient ainsi une distance topographique qui, comme nous l'avons dit plus haut, diffère le plus souvent de la distance balistique convenable.

Cela tient, on le sait, à des erreurs *systématiques* dues surtout à l'*état de l'atmosphère* (vent, réfraction (1), pression barométrique, humidité, etc.), à l'*état de la poudre* et aussi à tout un ensemble d'erreurs *accidentelles* provenant des variations dans le poids des charges et des obus, au régime des bouches à feu, au déversement des plates-formes, à l'équation personnelle des pointeurs, aux imperfections des télémètres et des appareils de pointage, etc., etc.

On conçoit qu'on puisse à la rigueur tenir compte de tout cela d'une façon précise dans une installation télémétrique et corriger la distance topographique à l'aide de certains dispositifs fonctionnant automatiquement, mais l'artillerie russe tient seulement compte, dans la détermination des éléments initiaux du tir, de l'état atmosphérique et de la vivacité de la poudre, et cela d'une façon empirique, au moyen de tables à double entrée tout à fait indépendantes du télémètre.

Elle élimine par le réglage les *erreurs restantes*.

II. Rapidité. — La rapidité des mesures définitives doit être en rapport avec la rapidité de tir des batteries et aussi avec la méthode de tir.

On sait en effet qu'en Russie l'artillerie de côte comprend une grande quantité de bouches à feu dont le tir est assez lent et que le tir par salve est généralement

(1) L'influence de la réfraction est beaucoup moins importante dans les télémètres à base horizontale que dans les télémètres à base verticale. On n'en tient compte que dans ces derniers et on la néglige généralement dans les autres.

adopté. On cherche néanmoins à obtenir au minimum six indications télémétriques par minute.

III. Simplicité. — L'installation télémétrique complète doit être simple et robuste, car elle doit être mise entre les mains des hommes de troupe et elle peut être exposée aux intempéries, aux projections de sable, etc.

De plus, le mode d'emploi doit éviter toute complication inutile. Aussi les transmissions téléphoniques paraissent-elles préférables aux transmissions électromécaniques sur lesquelles on n'a aucun moyen de contrôle et dont les connexions sont délicates à établir.

Enfin, il y a avantage à ce que l'un des postes soit à proximité immédiate de la batterie, afin d'éviter des corrections de parallaxe. Si la configuration du terrain ou de la côte s'oppose à cette installation, il faut avoir recours à un *transformateur* qui donne immédiatement et sans aucun calcul la distance de la batterie au but. Le transformateur peut être combiné avec le télémètre ou en être distinct ; dans ce dernier cas, il en est placé un dans chaque batterie et le même télémètre peut alors servir pour plusieurs batteries.

IV. Appropriation aux deux genres de pointage. — On doit pouvoir exécuter à volonté du tir à pointage direct sur but mobile, ou bien du tir à pointage indirect sur le point présumé de la mer où passera le but au moment de la chute des projectiles. Dans ce dernier cas, il faut munir les pièces de circulaires de pointage permettant de les orienter dans un azimut déterminé par le télémètre.

Conditions particulières aux télémètres à base horizontale

Les postes télémétriques doivent permettre d'employer une base de longueur quelconque.

De plus, avec un appareil bistatique, il est difficile

d'indiquer le but aux deux observateurs avec une précision suffisante pour éviter les erreurs d'objectifs qui entachent les mesures d'erreurs grossières. C'est alors qu'intervient le *télémètre auxiliaire* qui sert à trouver une distance approchée du navire, distance permettant aux observateurs d'orienter convenablement leurs appareils dès le début du tir.

*
* *

Ces différents principes étant admis, nous allons examiner maintenant comment ils ont été appliqués et décrire en détail les différents appareils (postes d'observation, transformateur, etc.). Nous indiquerons aussi le mode d'utilisation pratique de toute l'organisation télémétrique préconisée par le colonel de la Launitz.

ENSEMBLE DE L'INSTALLATION TÉLÉMÉTRIQUE DU COLONEL DE LA LAUNITZ

L'installation télémétrique complète pour une batterie K comprend (fig. 4) :

1° Deux postes d'observation A et B convenablement

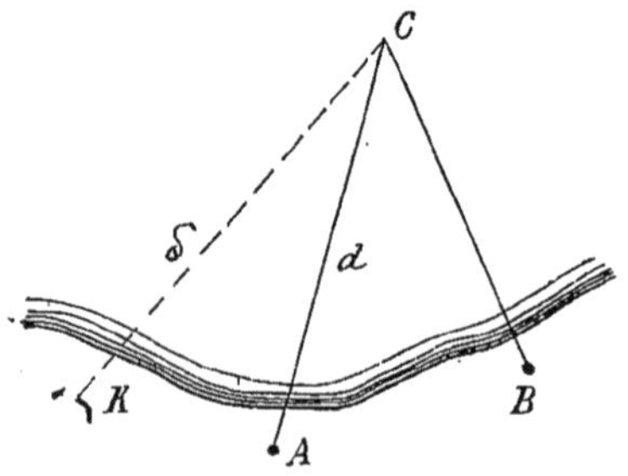

Fig. 4.

placés sur la côte et éloignés l'un de l'autre de 1500 à

500 m. L'un de ces postes, A par exemple, détermine la distance d qui le sépare de l'objectif C ;

2° Un transformateur généralement disposé à la batterie et servant à transformer d en la distance de tir δ qui convient effectivement à la batterie K. Cet appareil devient inutile lorsque l'un des postes est dans le voisinage des bouches à feu ;

3° Éventuellement un télémètre auxiliaire à petite base ;

4° Un réseau téléphonique reliant les trois points A, B et K.

1° Principe de l'organisation et du fonctionnement des postes A et B

Le poste d'observation A, chargé de donner la distance d, est formé (fig. 5) :

D'un limbe gradué a ;

D'une règle AC_1 pivotant autour du centre A du limbe

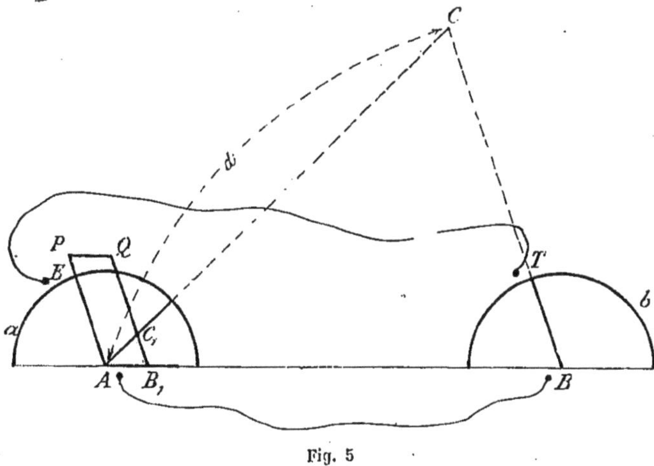

Fig. 5

et portant une graduation en distance à une échelle convenable α ;

D'une lunette de visée pivotant autour du point A et dirigée suivant AC_1 ou dans un azimut voisin ;

D'une base AB_1 alignée dans la direction du point B et dont la longueur est égale à α. AB ;

Et enfin d'un parallélogramme articulé AB_1QP.

Le poste d'observation auxiliaire B comprend :

Un limbe *b* analogue au limbe *a* et dont le diamètre de base est dirigé suivant la direction BA ;

Une règle et une lunette BT pivotant autour du point B dans les mêmes conditions que celles du poste A.

La règle et la lunette de chacun des postes A et B peuvent se déplacer simultanément dans le même plan vertical ou bien encore la règle peut tourner *n* fois plus vite que la lunette lorsqu'on fait agir un appareil dit *extrapolateur* ou encore *avanceur*.

Les deux postes sont réunis par une double ligne téléphonique TE et AB.

Cela posé, supposons que nous voulions déterminer la position d'un point *fixe* C (fig. 5).

Chacun des opérateurs A et B dirige sa lunette sur C. Le téléphoniste T lit l'azimut sur le limbe *b* et l'envoie au téléphoniste E qui place la règle AP sur la division annoncée du limbe *a*. La règle B_1Q se trouve alors disposée parallèlement à BC et le téléphoniste T n'a plus qu'à lire la distance cherchée AC_1, car le triangle AB_1C_1 est semblable au triangle ABC.

Supposons maintenant que l'objectif soit *mobile*, que ce soit un navire suivant une route quelconque R (fig. 6).

Les deux observateurs s'entendent entre eux et suivent avec leurs lunettes le même point du but ; puis, comme ils sont constamment en communication téléphonique, à un signal donné par l'un d'eux ils cessent d'observer en même temps, lorsque l'objectif est en r_1 par exemple. En opérant comme précédemment, on détermine la distance Ar_1 et un certain azimut ; si l'on utilisait telles quelles ces données, le projectile tomberait dans le voisinage de r_1 alors qu'en réalité le navire poursuivant sa route serait en r_2. Il faudrait donc faire au

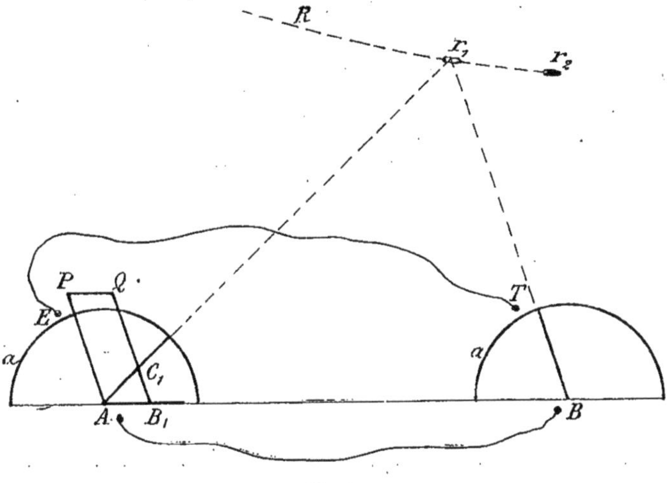

Fig. 6.

préalable, comme cela se pratique en France, les corrections convenables en hauteur et en direction.

Le colonel de la Launitz a préféré que son appareil lui donnât une indication présumée sur la position du navire au moment de la chute du projectile.

C'est alors qu'intervient l'appareil *extrapolateur* qu'on met en action dès que les deux observateurs ont pris le but en r_1 (fig. 7). Ils le suivent pendant un temps t (déterminé à l'aide d'un chronomètre) jusqu'en r_2 et s'arrêtent. A partir du commencement de l'observation, chaque règle tournant n fois plus vite que la lunette correspondante se décale par rapport à celle-ci et, au bout du temps t, les deux règles se recoupent en un point C alors que les deux lunettes croisent leurs visées sur r_2.

Le point C, représenté sur l'appareil par le point C_1, est la position *conjecturée par extrapolation* et d'ailleurs approximative de l'objectif.

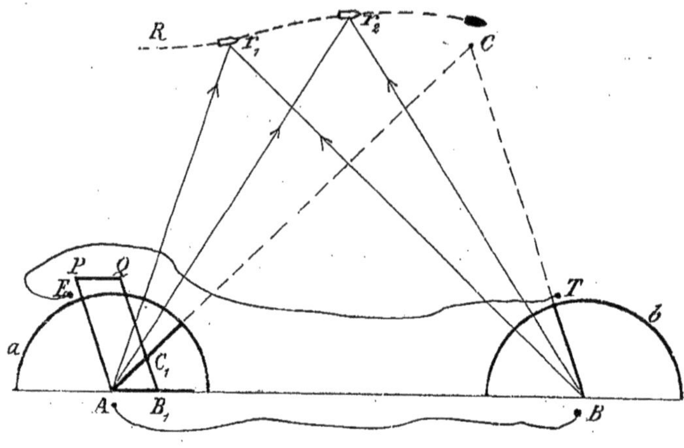

Fig. 7.

Les Russes tirant généralement par salves de batterie, on a un *temps mort* (1) égal à $(n - 1)\,t$ comprenant :

1° Le temps nécessaire pour exécuter toutes les opérations qui s'étendent depuis l'arrêt des règles ou la fin de l'observation jusqu'au départ du coup ;

2° Le temps θ correspondant à la durée du trajet.

On choisit généralement pour valeur de n le nombre 3 ou le nombre 4. Si le temps t d'observation est de 20 secondes par exemple, on a $(40 - \theta)$ secondes pour apprêter la salve. Un navire de fort tonnage, marchant à 13 nœuds (environ 24 km à l'heure) et ne pouvant par

(1) Cette définition du *temps mort* est différente de la nôtre. Le temps mort russe est l'*intervalle entre la fin de la mesure de distance et la chute du projectile*, tandis que le temps mort français est l'*intervalle entre la fin du pointage et le départ du coup*. Le *temps mort* russe est donc pour nous la somme du *temps perdu*, du *temps mort* et de la durée de trajet.

suite changer rapidement sa direction, parcourra (dans le cas où $n = 3$) 400 m entre le commencement de l'observation et le moment de la chute du projectile, et le télémètre le suivra en réalité pendant un parcours de 133 m.

Avec les canons à tir rapide, il y a intérêt à diminuer la valeur de n. Avec le canon de 6po Canet on peut prendre $n = 2$ et avec le canon de petit calibre à tir rapide $n = 1$, c'est-à-dire ne pas utiliser le mécanisme extrapolateur.

2° Principe du transformateur

Si l'un des postes télémétriques n'est pas dans le voisinage immédiat de la batterie, il est nécessaire de faire une correction de parallaxe.

On l'exécute avec un transformateur qui est placé dans

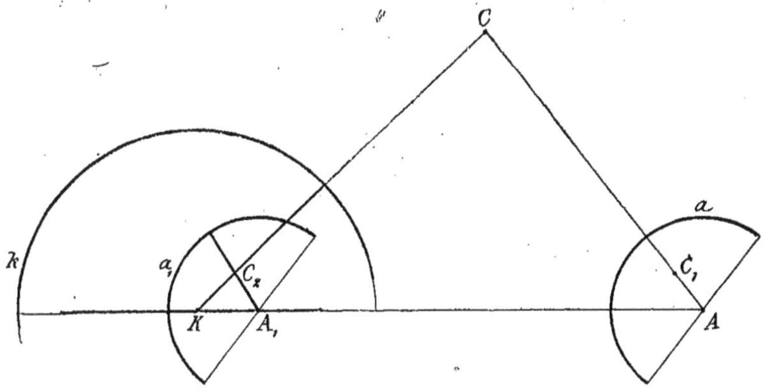

Fig. 8.

la batterie et qui donne à l'échelle α une réduction C_2A_1K du triangle CAK formé par le but C, le poste télémétrique A et la batterie K (fig. 8).

Deux limbes a_1 et k correspondant aux centres A_1 et K sont orientés l'un par rapport à l'autre comme le sont le limbe *a* de l'appareil télémétrique A et la graduation circulaire des affûts. Deux règles graduées en distances pivotent autour de chacun des centres K et A_1 qui sont d'ailleurs réunis par une base également graduee pouvant pivoter en K.

L'appareil étant réglé, — nous verrons plus loin comment, — il est facile de comprendre comment on l'emploie. Le télémètre indique la position de la règle $A_1 C_2$ et celle du point C_2 ; lorsque cette règle $A_1 C_2$ est en place, il n'y a plus qu'à faire passer l'autre règle par le point C_2 et à lire la distance corrigée KC_2, et l'azimut $A_1 K C_2$ correspondant aux bouches à feu.

3° Télémètre auxiliaire

Imaginons qu'on aperçoive devant la base télémétrique AB une escadre en ligne de file par division C_1 C_2 C_3 — C_4 C_5 C_6 ; il sera assez difficile de désigner clairement le but aux observateurs et il est bon en conséquence d'avoir une idée approximative de la position de l'objectif que l'on veut assigner à la batterie.

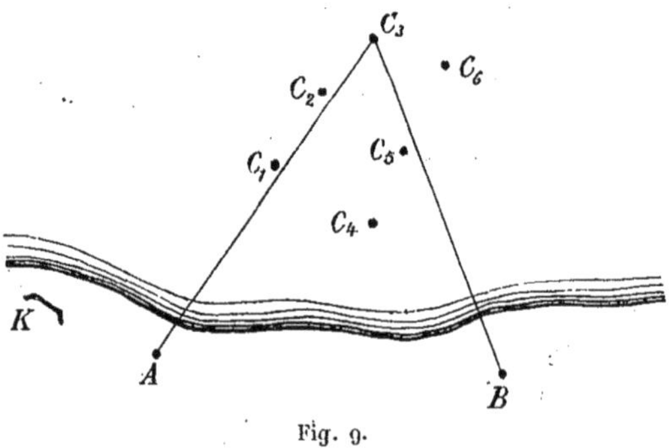

Fig. 9.

Dans le cas de la figure 9, si le but à atteindre est C_3 par exemple, il y aura ambiguïté pour l'observateur A entre C_1, C_2 et C_3 et pour l'observateur B entre C_3 et C_5.

Cette ambiguïté disparaîtrait si l'on obtenait la distance de l'un des postes à C_3 avec un *télémètre auxiliaire.*

En effet, les deux appareils A et B étant constitués de façon identique, si A connaît la distance à l'objectif C_3 et qu'il dispose ses règles pour cette portée, il pourra envoyer immédiatement par téléphone à B à la fois la direction approximative de BC_3 (ou de AC_3) et la distance correspondante. Les deux observateurs prennent le but et peuvent s'interpeller mutuellement pour savoir si, malgré les déplacements des navires, ils observent toujours l'objectif désigné. Dès qu'ils sont bien d'accord, ils peuvent exécuter des mesures, et le télémètre auxiliaire, ayant ainsi joué le rôle d'*indicateur,* peut au besoin, dans la suite, intervenir encore comme *contrôleur.*

Le télémètre auxiliaire doit être soit à base verticale, soit à petite base horizontale, avec un seul opérateur (ou avec deux opérateurs suffisamment rapprochés l'un de l'autre pour voir l'objectif sous le même aspect).

Le colonel de la Launitz a proposé comme télémètre auxiliaire soit un télémètre à petite base adjoint au télémètre à grande base (cas du télémètre Rivals), soit plus simplement un télémètre monostatique autobase (c'est-à-dire contenant sa propre base) du genre Barr et Stroud.

La première solution (fig. 10) est assez compliquée, car elle exige l'organisation d'un télémètre à petite base AX analogue au télémètre à grande base AB : outre les organes décrits plus haut, l'appareil A comporte une deuxième base AX_1 et une troisième règle X_1O tournant autour de X_1 et restant parallèle à la règle auxiliaire AP (fig. 10).

On a en définitive deux télémètres accolés formant un télémètre à double base et à trois stations.

La base AX est longue de 500 mètres au plus. Le poste X comprend simplement une règle à lunette de visée (avec mécanisme multiplicateur si on le juge utile).

Les deux observateurs A et X, se concertant par téléphone, suivent l'objectif C et à un moment donné l'observateur A détermine la distance AC_1 par recoupement de AC_1 avec X_1O', dont la position lui est donnée par l'orientement de la règle AP' sur le limbe a_1, envoyé par le poste X. Profitant de cette première approximation, le télémétriste A, sans toucher à la règle AC_1, fait rapidement passer les parallélogrammes articulés de la position pointillée

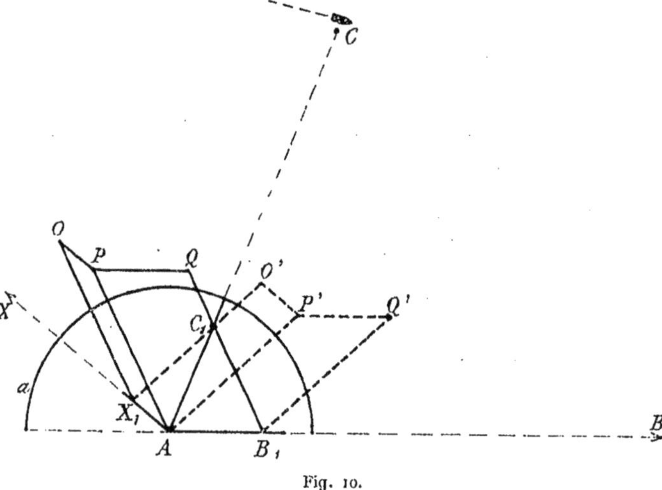

Fig. 10.

à la position en traits pleins, de façon que la règle B_1Q passe par C_1. Il lit l'azimut de AP et le transmet immédiatement par téléphone au poste B qui dispose son viseur dans la direction indiquée, où il doit apercevoir le but. Les trois opérateurs A, X et B répètent s'il y a lieu une seconde fois cette opération et, dès que A et B sont bien d'accord, ils procèdent aux mesures télémétriques (1).

En temps de paix d'ailleurs, le télémètre auxiliaire

(1) On peut aussi faire l'opération en envoyant au poste B la portée AC_1 et l'azimut correspondant, procédé que le colonel de la Launitz trouve plus pratique.

peut servir à l'officier instructeur à contrôler la façon de procéder des deux postes principaux.

La deuxième solution est plus commode, car le télémètre Barr et Stroud, relativement portatif et suffisamment précis, peut se placer très près de A. On procède comme précédemment et il semble que les opérations doivent s'exécuter d'une façon plus expéditive.

4° Communications téléphoniques

Les communications entre les divers postes d'observation et les batteries sont réalisées au moyen d'appareils microtéléphoniques portatifs à un seul récepteur. Chacun de ces appareils est organisé de façon que le transmetteur et le récepteur puissent se fixer sur la tête de l'opérateur, laissant ainsi à ce dernier le libre usage de ses deux mains. Il y a là une disposition ingénieuse, car elle permet aux opérateurs de faire les manipulations au télémètre en écouatnt eux-mêmes leur correspondant, sans aucun intermédiaire (voir fig. 19).

En principe, les deux observateurs A et B sont reliés téléphoniquement ainsi que les servants E et T (fig. 11).

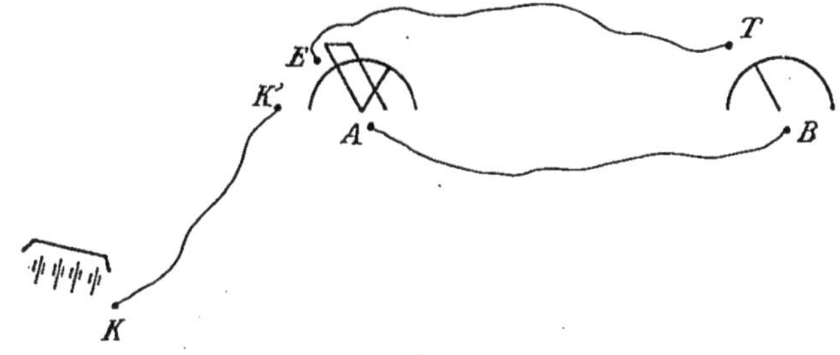

Fig. 11.

De même, une autre ligne réunit la batterie K au servant K' qui transmet les données du télémètre.

Il faut une boîte microtéléphonique pour chacun de ces hommes.

La ligne KK′ disparaît naturellement lorsque la batterie K est dans le voisinage immédiat du poste A.

Le colonel de la Launitz est parvenu en outre à supprimer la ligne téléphonique ET, en organisant les appareils A et B de telle façon que l'observateur puisse lire directement l'azimut au moyen d'une petite lunette auxiliaire et d'un appareil à miroirs redresseur (fig. 15). Le servant T devient dès lors inutile ainsi que la ligne ET. (B transmettant son azimut à A, lequel l'annonce à E.)

Dans ce cas, il faut deux lignes téléphoniques seulement (avec quatre appareils). Quand la batterie se trouve dans le voisinage du poste A, une seule ligne téléphonique suffit (avec deux appareils).

INSTALLATION, RÉGLAGE ET EMPLOI DES APPAREILS

Poste télémétrique proprement dit

Description détaillée

Comme nous l'avons dit plus haut, l'appareil B est plus simple en principe que l'appareil A, mais, dans la pratique, on les construit l'un et l'autre identiquement, de façon à pouvoir au besoin faire des lectures télémétriques au poste B. Il suffira donc de décrire l'un des appareils (1) qui comprend (fig. 12 et 13 et pl. hors texte) :

1° Un socle évidé *1* sur lequel reposent le limbe gradué *2* (2), l'axe *3* qui est situé au centre du limbe, deux repos *4* pour supporter l'extrémité de la base *6* et un arc denté *5* qui est centré sur l'axe *3* ;

2° Une base *6*, maintenue entre l'axe *3* et l'un des repos *4* ;

(1) L'appareil est en laiton nickelé, sauf le socle évidé, qui est en fonte.

(2) Le limbe comporte 1 600 divisions numérotées de deux en deux, de 0 à 800, afin que les téléphonistes n'aient à employer que des nombres de trois chiffres ; son rayon est de 64 cm environ.

3° Trois règles mobiles : la règle des portées *7*, la règle de recoupement *8*, la règle auxiliaire *9*. Les règles 7 et 9 sont articulées sur l'axe central *3*, tandis que la règle 8 pivote autour d'un axe *10* qui est monté sur un curseur *17* pouvant coulisser le long d'une rainure de la base *6*. Les règles 8 et 9 sont réunies à l'extrémité opposée à la base 6 par une traverse *11*, réglée de façon à former un parallélogramme articulé. Les règles *7* et *8* sont graduées en dizaines de sajènes ; aux extrémités des règles 7 et 9 se trouvent les index *20* et *26* ;

4° Une lunette terrestre *12* (1) montée sur un support *13-32*. Ce dernier est fixé verticalement sur une plaque *14* qui peut pivoter autour de l'axe *3*, en sorte que la lunette tourne autour du centre du limbe.

Sur la plaque *14* est rapportée une crémaillère circulaire *39* qui porte une graduation (2) se déplaçant avec la crémaillère devant un index *24* fixé à la règle *7*.

Dans la position indiquée à la fois par la figure 13 et la pl. hors texte, la lunette et la règle des portées sont solidaires et peuvent tourner *ensemble*, en restant dans le même plan vertical. En effet, la règle *7* se prolonge à l'arrière par un épanouissement ayant la forme d'un arc et sur lequel se trouvent un verrou *22* qui pénètre dans une mortaise pratiquée sur la tranche arrière de la plaque *14-39* et un frein *23* αβδ qui permet de fixer la règle *7* à l'arc fixe *5* ;

5° Un mécanisme extrapolateur qui permet, en ren-

---

(1) La lunette comporte une monture *31* (fig. 12 et 13) qui sert à la fixer sur son support *32*, deux boutons molettés *33* et *34* pour la mise au point du micromètre et celle du but, un garde-soleil *35*, un chercheur formé d'une fenêtre *36* et d'un guidon à rabattement *37*, ayant la forme d'une lame de canif. On enlève la lunette quand on ne tire pas.

(2) Cette graduation ne sert à rien dans le tir de guerre. On pourrait l'utiliser néanmoins pour déterminer les corrections en direction dans le tir direct, corrections qui sont généralement données par un homme en plus maniant le triangle de visée (voir annexe, p. 40). Dans les exercices du temps de paix, la graduation en question est employée pour mesurer la vitesse du remorqueur : ce qui a une certaine importance, car les cibles se déplacent ordinairement fort lentement et on a ainsi le moyen de vérifier leur allure.

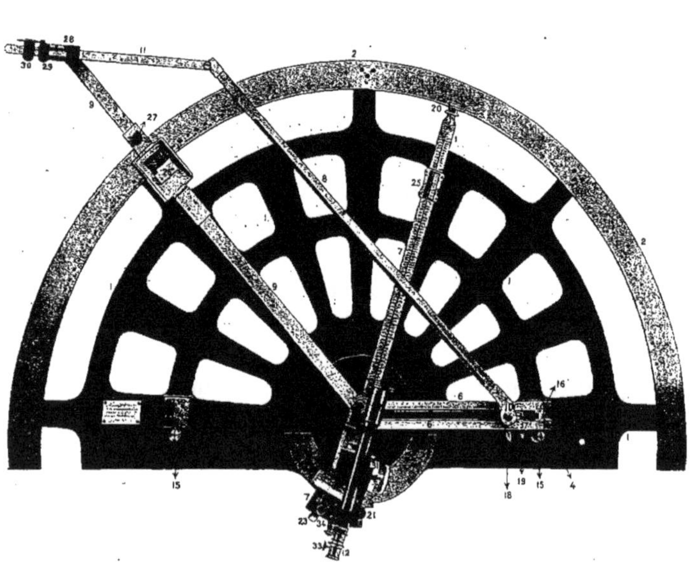

Fig. 12. — Appareil A vu en plan. (Extrémité gauche de la base.)

Fig. 13. — Perspective de l'appareil B. (Extrémité droite de la base.)

dant au préalable la lunette indépendante de la règle des portées *7*, de faire tourner cette dernière n fois plus vite que la lunette.

Ce mécanisme est constitué comme suit (pl. hors texte) :

Le prolongement arrière de *7* porte une douille contenant un axe vertical qui est commandé par le bouton moletté *21* et muni à sa partie inférieure d'un pignon ; ce pignon inférieur engrène avec la denture de l'arc fixe *5*. Un pignon supérieur (visible sur la figure 13) et de diamètre plus petit, fou sur le même axe, engrène avec la crémaillère circulaire *39* solidaire de la plaque *14* ; ce deuxième pignon porte un cône d'embrayage.

Cela posé, supposons la lunette et la règle des portées solidaires. Lorsqu'on fait tourner le bouton moletté *21*, on agit seulement sur le pignon inférieur qui engrène avec l'arc fixe *5* et on entraîne l'ensemble, lunette et règle.

Si au contraire on a pris soin au préalable de tirer le verrou *22* en arrière et de rendre solidaires les deux pignons supérieur et inférieur [1], la lunette et la règle des portées, commandées alors indépendamment l'une de l'autre par un des pignons, se déplacent avec des vitesses différentes, la lunette restant en retard sur la règle [2]. Le rapport des dentures des deux pignons dépend de n ;

---

(1) Cela se fait en serrant le deuxième bouton moletté *41* (celui qu'on voit au-dessous de *21*) sur le pignon supérieur.

(2) *Mécanisme* ou *extrapolateur primitif*. — Nous venons de décrire le mécanisme qui est employé dans le dernier modèle de télémètre, mais au début le colonel de la Launitz en avait adopté un autre qui est également ingénieux et dont nous allons donner le principe (fig. 14) :

La règle des portées *7* est constamment située dans le plan vertical de l'axe optique de la lunette ; elle se termine du côté du limbe par un épanouissement dans lequel on loge deux poulies u_1 et u_2 et un ruban métallique UI s'enroulant sur les poulies. Le ruban présente un ressaut U et un index I qui normalement sont au milieu de l'intervalle u_1 u_2, de sorte que, quand on suit le but avec la lunette, l'index indique l'azimut de celui-ci. Si l'on veut avoir une position conjecturée du but au bout d'un temps double du temps d'observation, on immobilise le ressaut U avec une fourchette (non représentée sur la figure) glissant sur le limbe *2* et pouvant être fixée sur lui. Dès lors, il est facile de voir que I se déplace, dans le même sens que

6° Un curseur *25*, coulissant sur la règle des portées *7*. Ce curseur porte une graduation spéciale (dépendant de

le but, avec une vitesse angulaire double de la vitesse angulaire de ce but. (Le trait ponctué indique les positions relatives de la règle et de l'index quand le but s'est déplacé angulairement de ω.) On aura ainsi par extrapolation la situation présumée de l'objectif au moment de la chute des projectiles dans le cas où $n = 2$. Ce mécanisme extrapolateur, moins commode que le nouveau, a de plus son emploi limité au cas de $n = 2$

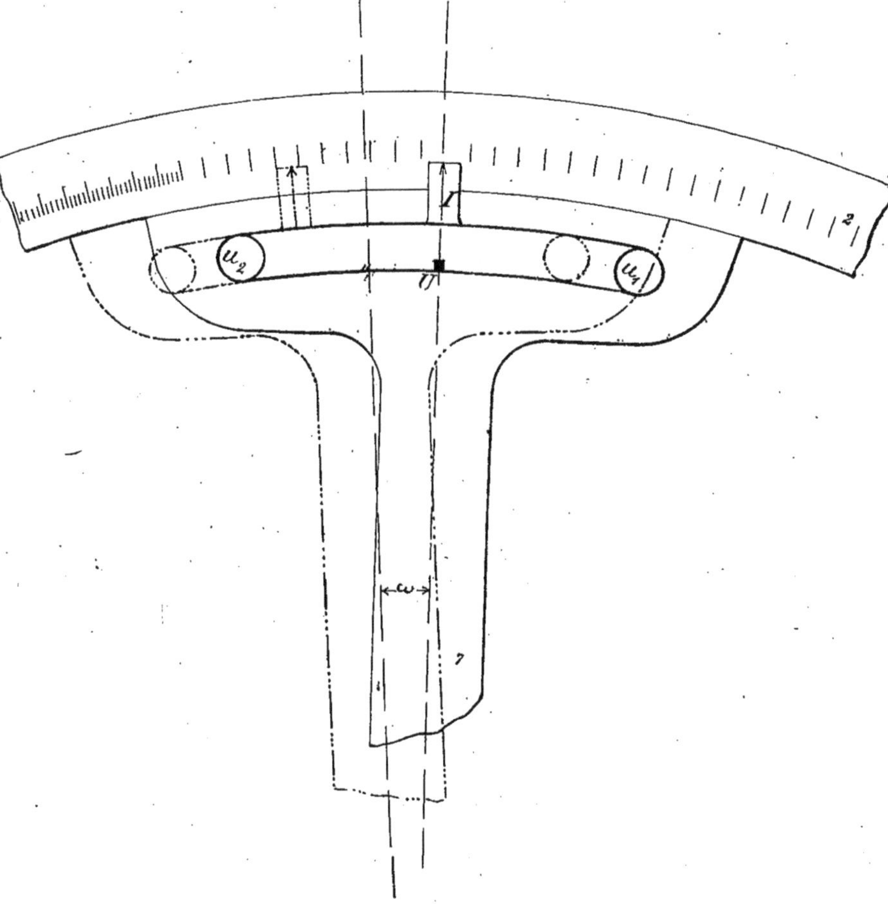

Fig. 14. — Extrapolateur premier modèle.

la valeur de n et sert de correcteur dans le cas du tir à pointage direct. Nous verrons son rôle plus loin.

Modifications pour le tir de nuit. — La nuit, on remplace la lunette par une tige portant à ses deux extrémités un cran de mire et un guidon lumineux.

Ce dernier est constitué par une monture conique et creuse, à la partie supérieure de laquelle est enchâssé

Fig. 15

un grenat d'Orient (ou almandine) qui, éclairé par une petite lampe électrique placée en dessous, donne un point luminescent rouge mat. Le cran de mire est du même genre, mais deux pierres blanches de calcédoine en forment les pointes.

Les graduations sont éclairées au moyen de lampes électriques. Si les appareils sont munis du système à miroirs redresseurs (fig. 15 et p. 20), le télémétriste peut lire directement l'azimut de la règle des portées à l'aide d'une petite lunette auxiliaire.

Installation et réglage des deux postes

Il faut au préalable régler la base *6* de façon à la placer sur le diamètre correspondant à la ligne 0 — 800.

Cette opération s'exécute une fois pour toutes en construisant avec la *base,* la *règle des portées 7* fixée à la division 400 et la *règle de recoupement 8,* un triangle *égyptien* (c'est-à-dire un triangle rectangle dont les côtés sont proportionnels aux nombres 3, 4 et 5), ce qui arrête la position de la base *6,* à laquelle on ne devra plus toucher. On maintient la base *6* au moyen des vis *16;* un témoin *15,* amené au contact avec la base, sert à vérifier la fixité de celle-ci (fig. 12).

Puis on place chaque appareil sur une table, en engageant dans une mortaise ménagée sur le socle (1) un pivot qui est fixé à la table ; on arrête la lunette sur le diamètre 0 — 800 et on déplace le tout doucement jusqu'à ce que la lunette soit pointée sur la deuxième station.

On règle ensuite la position de l'axe *10* en amenant le curseur *17* à peu près à sa position et en rabattant le levier de serrage *18,* puis en conduisant *17* à sa position exacte au moyen d'une vis de rappel et en rabattant finalement le levier de serrage *19.*

On termine en réglant la longueur de la traverse *11* de façon à réaliser le parallélogramme articulé. La traverse portant une graduation identique à celle de la base, on dispose le chariot de réglage *28* de façon à ce que l'index soit à peu près à la division convenable, et on serre le bouton *30 ;* on achève la mise au point de l'index au moyen d'une vis de rappel et on serre enfin le bouton *29.*

---

(1) On voit cette mortaise sur la figure 12, à droite et en bas.

Les deux appareils sont alors convenablement disposés et prêts à fonctionner.

Mode d'emploi du télémètre

Avant chaque coup (ou salve), les observateurs, qui correspondent par téléphone, cherchent le but avec la lunette en agissant sur le bouton *21*, mais sans laisser fonctionner le mécanisme extrapolateur (c'est-à-dire la règle des portées restant dans le plan vertical de l'axe optique de la lunette).

Dès que les deux observateurs tiennent l'objectif sur leur ligne de visée, l'un d'eux fait l'indication : *Au but*, et tous deux mettent en action le mécanisme multiplicateur par la manipulation suivante :

1° Serrer le frein *23*, qui solidarise la règle *7* avec l'arc *5* (pour éviter un déplacement accidentel du système règle et lunette), en agissant sur le bouton *23* δ qui appuie la mâchoire *23* β contre l'arc *5*;

2° Serrer le bouton moletté *41* sur le pignon supérieur (pour rendre les deux pignons solidaires et obtenir la multiplication) ;

3° Desserrer le frein *23*;

4° Tirer le verrou (de façon à rendre la lunette indépendante de la règle des portées).

Ces opérations exécutées, les observateurs, qui ont perdu un instant le but, le recherchent rapidement et suivent son mouvement pendant le temps *t* qui se compte au moyen d'une montre à secondes. Ce temps écoulé, à l'indication : *Stop*, les deux observateurs s'arrêtent ; on fait les lectures et l'on se prépare immédiatement à l'opération consécutive en faisant les manipulations suivantes qui suppriment l'emploi du multiplicateur :

1° Desserrer le bouton moletté *41*;

2° Ramener la mortaise en face du verrou *22*;

3° Laisser retomber le verrou *22* dans sa mortaise.

Pour l'utilisation des données télémétriques, on opère différemment, selon qu'on fait du tir à pointage indirect ou du tir à pointage direct, ainsi que nous allons l'expliquer ci-après :

Mode d'utilisation des données télémétriques

Tir à pointage indirect. — C'est le cas le plus simple; on opère avec le multiplicateur pendant t secondes et, au bout de ce temps, on lit la portée et l'azimut relatifs au poste A. Le transformateur fournit de suite les données correspondantes pour les bouches à feu, qui s'orientent en conséquence. Le feu est commandé au bout de $(nt - \theta)$ secondes, θ étant la durée du trajet et l'origine des temps étant le commencement du temps t d'observation.

En définitive, on tire sur un point obtenu par extrapolation et où l'on présume que le navire passera au moment de la chute des projectiles (cas de la figure 7).

Tir à pointage direct. — Le cas du tir direct est plus complexe ; on opère *avec l'extrapolateur* pendant t secondes en suivant le but dans son déplacement entre r_1 et r_2 (fig. 7 et 16). Le poste A donne la portée conjecturée P = AC; les deux postes A et B continuent à suivre le but *sans multiplication,* de façon qu'on puisse faire tirer la batterie dès que le but sera *effectivement* à la distance P.

De plus, on a eu soin au préalable de disposer le zéro du curseur 25 au point C_1 (fig. 5, 6 et 7), c'est-à-dire au point d'intersection de la règle des portées et de la règle de recoupement. On note la division du curseur à la fin du temps t; cette division Δ correspond à la variation en portée pendant t secondes (1). A l'aide d'une table à

(1) Si la graduation du curseur était identique à celle de la règle, la différence trouvée correspondrait à nt secondes. Mais, les divisions du curseur valant n fois celles de la règle, le nombre Δ trouvé correspond donc à la variation en portée pendant t secondes seulement

double entrée, le télémétriste A détermine la variation en portée $\frac{\theta}{t} \Delta = \Delta'$ correspondant à la durée de trajet θ et, si le but s'éloigne vers le large, il fait prendre à ses pièces la hausse relative à la distance $P + \Delta'$.

Pendant toutes ces opérations, toutes les pièces suivent le but; les lunettes des postes A et B font de même, comme nous l'avons vu plus haut, *sans multiplication*,

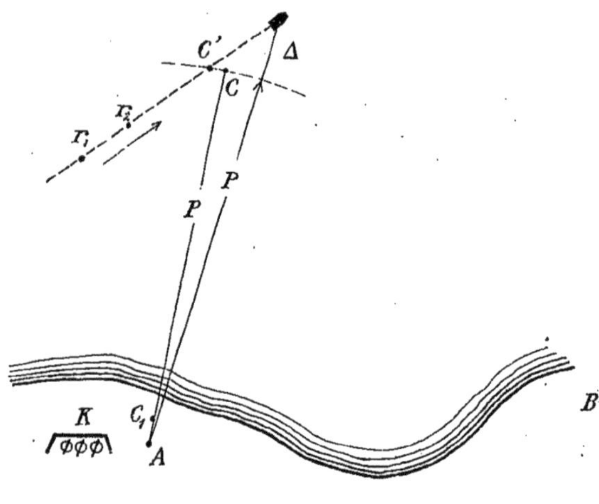

Fig. 16.

et, au moment où le télémètre annonce la distance P (le navire ennemi passant alors en C' sur la circonférence de rayon AC [fig. 16]), la batterie fait feu. Comme les pièces sont pointées avec la hausse $P + \Delta'$, il en résulte que le but se trouvera effectivement à cette distance, puisque Δ' correspond à la durée de trajet.

Si l'objectif se rapprochait de la côte, il faudrait donner aux pièces la hausse $P - \Delta'$.

La correction en direction se fait au moyen du triangle de visée (voir p. 40).

Nombre de servants nécessaires pour le fonctionnement de l'installation télémétrique

Le nombre d'hommes nécessaires résulte des considérations exposées plus haut à propos du réseau téléphonique :

Batterie éloignée du poste A.	Poste B sans l'appareil à miroirs redresseurs.	3 servants au poste	A.
		2 —	B.
	Poste B avec l'appareil à miroirs redresseurs.	3 —	A.
		1 —	B.
Batterie dans le voisinage immédiat du poste A.	Poste B sans l'appareil à miroirs redresseurs.	3 —	A.
		2 —	B.
	Poste B avec l'appareil à miroirs redresseurs.	2 —	A.
		1 —	B.

Transformateur

Description

L'appareil transformateur comprend (fig. 17) :

1° Un socle évidé h sur lequel est fixé un limbe k gradué comme les circulaires de pointage des pièces ;

2° Une règle mobile KC_1 graduée en portées, qui pivote autour d'un axe fixe K placé au centre du limbe k ;

3° Un socle mobile m en forme de lunule, reposant sur des nervures n du socle évidé h et dont le centre porte un axe A_1 qui est relié avec la barre mobile KA_1 ;

4° Une règle A_1C_1 graduée en portées et pivotant autour de l'axe A_1 ;

5° Une barre mobile KA_1 qui est graduée en distances à droite et à gauche de l'axe K et qui peut tourner autour de cet axe ;

6° Éventuellement, une petite lunette montée sur un prolongement de la règle KC_1 parallèlement à cette règle et servant à faire la vérification du réglage de l'appareil ou bien à voir un but qui serait indiqué du poste télémétrique.

Fig. 17. — Transformateur.

Réglage

Le réglage de l'appareil transformateur s'effectue comme il suit :

Étant donné un repère connu F situé dans le champ

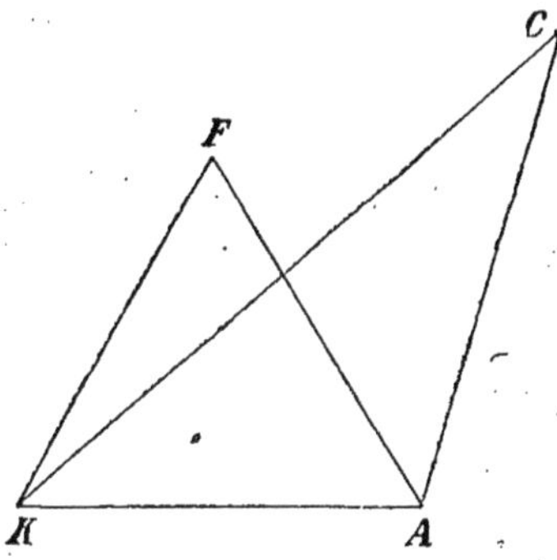

Fig. 18.

de la batterie et du télémètre (fig. 18), on pointe à la hausse sur ce repère, avec la dérive zéro, une pièce de la batterie et on lit sur la circulaire de pointage l'azimut correspondant. Les distances AF et AK ont été déterminées à l'avance par une triangulation.

Il suffit dès lors de réaliser sur l'appareil transformateur un triangle semblable au triangle AFK. Pour cela, on fixe d'abord (fig. 17) le pivot A_1 en face de la division de la règle KA_1 qui correspond à la distance KA ; on fixe ensuite la règle KC_1 à la division trouvée sur la circulaire de la bouche à feu. Puis on met l'index de la règle A_1C_1 en face de la division représentant la distance AF et on pousse cet index contre la règle KC_1 en face du point C_1, en faisant tourner la barre mobile KA_1 autour de K. Après quoi, on fait tourner autour de A_1 le socle mobile *m*, avec le limbe correspondant, jusqu'à ce que l'azimut indiqué par ce dernier soit celui de AF, puis

Fig. 19.

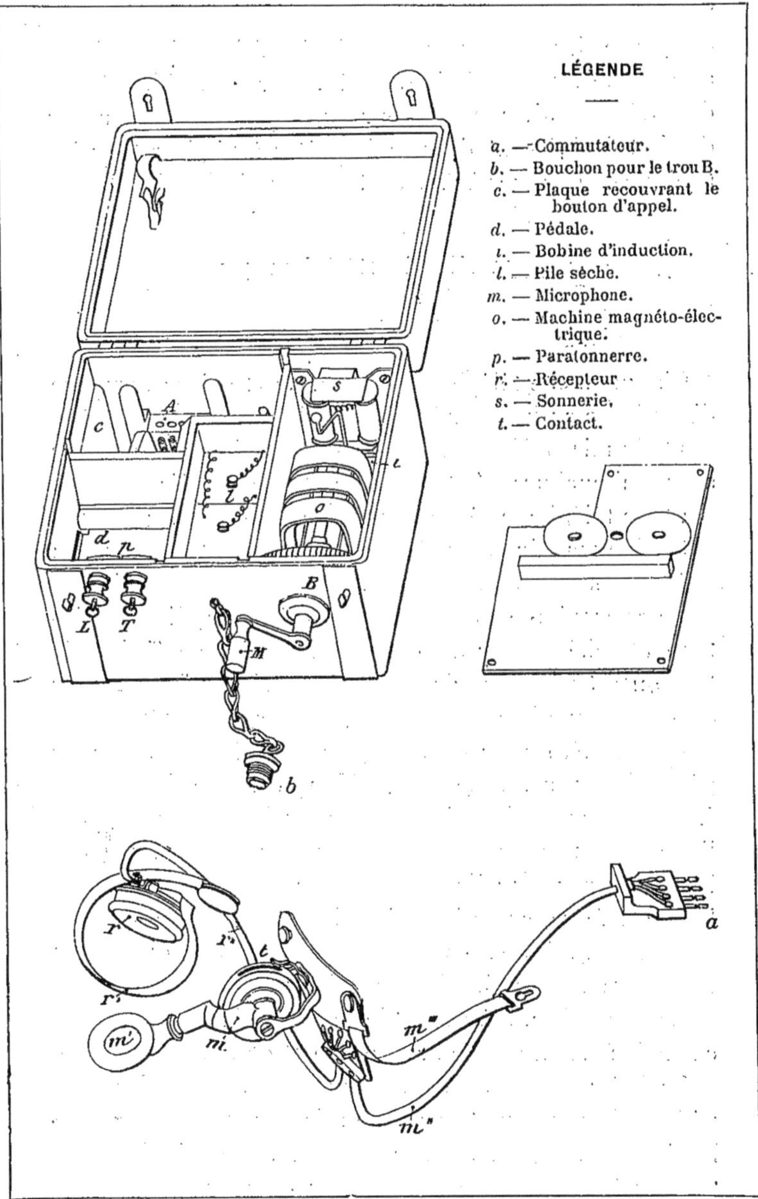

Fig. 20. — Appareil microtéléphonique.

on fixe sur les nervures *n* du socle fixe *h* le socle mobile *m* à l'aide de vis de pression. Enfin, on rend la liberté aux deux règles qui, pouvant tourner respectivement autour de K et de A_1, sont désormais prêtes à réaliser tous les triangles analogues à ACK, C étant un but mobile.

Appareil microtéléphonique

Description

Chaque poste téléphonique (fig. 20 et 21) se compose d'une boîte en bois renfermant :

1° Un microphone transmetteur à poudre de charbon *m* avec embouchure *m'* et élastique d'attache *m'''* ;

2° Un téléphone récepteur *r* avec serre-tête *r'* ;

3° Une machine magnéto-électrique *o* pour les appels ;

4° Une sonnerie polarisée *s*.

Le microphone est porté par l'opérateur; il est maintenu attaché autour du cou par l'élastique *m'''* dont la tension est réglable; des fils souples *r''* et *m''* recouverts de caoutchouc le relient au récepteur et à la boîte.

La magnéto est constituée par trois aimants entre les pôles desquels tourne une bobine en forme de navette. Les deux extrémités du fil de cette bobine aboutissent l'une à la masse et l'autre à une tige isolée traversant l'arbre et sur laquelle appuie un ressort. Un petit régulateur à force centrifuge établit au repos un contact entre les extrémités des fils de la bobine, ce qui met la magnéto en court circuit tant qu'on ne tourne pas.

La sonnerie n'offre rien de particulier; elle est intercalée dans le circuit de la magnéto et de la ligne.

La boîte contient en outre un bouton d'appel *c*, une pédale *d* remplissant le même rôle que le bouton *c*, une bobine d'induction *i* qui permet à l'appareil de fonctionner à grande distance, enfin une pile sèche *l* (2 éléments) qui sert à alimenter le microphone.

Fonctionnement

Supposons que l'écouteur et le transmetteur soient au repos dans la boîte ; ils appuient alors sur la pédale *d* (position pointillée, fig. 21) et établissent ainsi la communication de la ligne avec la magnéto et la sonnerie tout en rompant le contact de la ligne avec le récepteur.

Le courant venant du poste voisin traversera donc la sonnerie *s* et la magnéto *o*. Comme cette dernière est en court circuit par suite de la présence du régulateur à

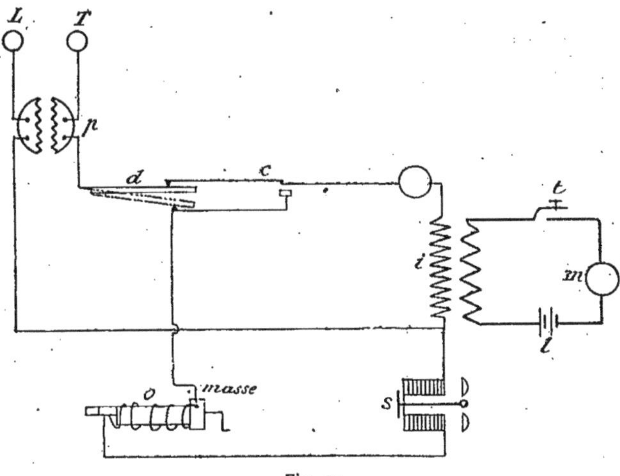

Fig. 21.

force centrifuge, il n'y a aucune résistance intercalée et la sonnerie fonctionnera. Au bruit de la sonnerie, le téléphoniste prévenu manœuvrera à son tour la magnéto au moyen de la manivelle M et enverra ainsi sur la ligne des courants qui feront résonner à la fois la sonnerie *s* et celle du poste voisin.

Lorsque les deux opérateurs sont prêts, ils coiffent le serre-tête, disposent convenablement l'embouchure *m'* du microphone et peuvent causer, car la pédale *d* qui s'est relevée (position en traits pleins) ferme le circuit de la ligne sur le récepteur *r* et la bobine d'induction *i*, tandis que le microphone *m*, traversé par le courant de la pile *l*, travaille sur la bobine d'induction *i*. Le bouton *c* paraît faire double emploi avec la pédale *d*; en réalité, il évite d'avoir à poser le récepteur sur cette pédale, si les correspondants veulent s'appeler sans enlever leur serre-tête.

Sur le circuit du microphone *m*, de la pile *l* et du primaire de la bobine *i* se trouve un contact *t*; il sert à fermer le courant de la pile, mais seulement lorsqu'on oriente l'embouchure du microphone pour causer. On évite ainsi la polarisation et l'épuisement de la pile quand on n'utilise pas l'appareil.

OBSERVATIONS

Nous venons de montrer comment le colonel de la Launitz a résolu le problème du télémètre de côte à grande base horizontale.

Cet examen aussi complet que possible de l'organisation préconisée en Russie nous amène à présenter quelques observations.

La première condition à remplir est la précision. Or, de nombreuses expériences ont montré que l'erreur moyenne des mesures était voisine de 1 p. 100 de la distance, ce qui est un résultat satisfaisant. D'autre part, les lectures sont faciles à faire, par suite des grandes dimensions des appareils; l'usage toujours délicat du vernier a été ainsi évité.

Grâce à l'appareil *extrapolateur*, le télémètre peut tenir compte automatiquement du mouvement de l'objectif; il permet donc de faire le tir par conjecture (*predicting firing* des Anglais). Il est assez difficile de déterminer exactement l'écart qui peut se produire entre le point conjecturé et la position réelle du but, à cause du grand nombre des variables du problème. Cependant, en faisant des constructions graphiques dans les cas les plus variés, tout en restant dans les limites de la réalité, on ne prévoit pas d'erreurs importantes — à condition, bien entendu, que le temps d'observation soit restreint et que le trajet du bateau pendant ce temps puisse être considéré comme petit par rapport aux portées.

La rapidité des mesures est tout à fait du même ordre que la vitesse de tir des batteries russes. Il semble cependant que la manœuvre pour mettre en mouvement et arrêter le mécanisme extrapolateur soit délicate et qu'elle fasse perdre un peu de temps ; néanmoins, on obtient très facilement six indications télémétriques par minute, *au minimum*.

L'ensemble des instruments de mesure est simple et robuste ; l'emploi, pour les limbes et les règles, du laiton nickelé, qui évite la rouille, paraît judicieux. La communication téléphonique, au contraire, donne lieu, à première vue, à des critiques assez nombreuses (boîte peu robuste, connexion difficilement accessible, régulateur à force centrifuge d'un fonctionnement délicat, sonnerie polarisée difficile à régler, piles sèches dont l'emploi peut donner lieu à des mécomptes, isolements sommaires, etc.), mais il y a lieu aussi de signaler tout particulièrement la disposition relative fort ingénieuse du transmetteur et du récepteur, qui laisse au téléphoniste le libre usage de ses deux mains (fig. 19) et lui permet par conséquent de remplir en même temps les fonctions d'observateur.

Le télémètre est bien approprié aux deux genres de tir et s'applique facilement aux règles de tir de l'artillerie de côte russe, mais son emploi dans le cas du pointage direct paraît assez délicat.

La difficulté relative aux erreurs d'objectifs, qui est inhérente à tous les télémètres à grande base, est résolue en principe, mais nécessite encore l'adjonction d'un télémètre auxiliaire.

Bref, la solution présentée, qui est le résultat du travail de plusieurs années du colonel de la Launitz, est intéressante dans son ensemble et méritait d'être examinée dans ses détails. Elle a d'ailleurs valu à son auteur une des plus hautes récompenses attribuées aux officiers de l'artillerie russe, le grand prix Michel (1) qui est attribué tous les cinq ans à l'auteur du travail jugé le meilleur et le plus utile à l'arme.

*
* *

Annexe

Triangle de visée (fig. 22). — Dans le cas de tir à pointage direct, on pourrait déterminer la correction en di-

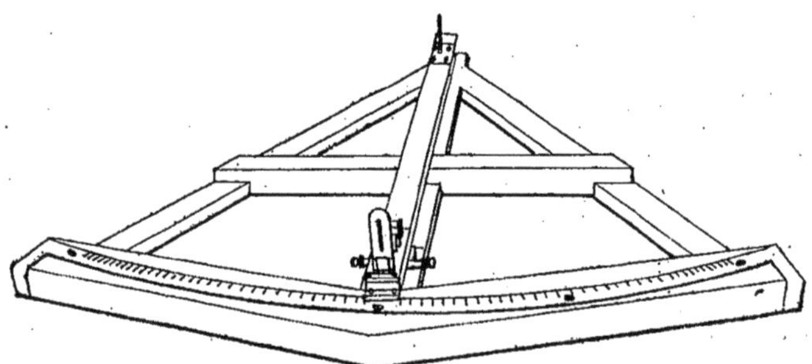

Fig. 22. — Triangle de visée.

rection au moyen de la graduation de la crémaillère circulaire *39* (voir p. 21), en opérant de la même façon que

(1) Voir *Artilleriiskii Journal*, nº 2 de 1902. (*Partie officielle*, p. 773.)

pour la portée (avec le curseur 25). Mais, en fait, pour ne pas augmenter outre mesure le travail du télémétriste A, on préfère recourir à un observateur spécial qu'on munit d'un *triangle de visée*. Cet observateur mesure, pendant le temps t, le déplacement angulaire du bâtiment à atteindre et, à l'aide d'une table à double entrée, il en déduit la correction relative à la durée du trajet θ, correction qu'il annonce au commandant de batterie.

Nancy, impr. Berger-Levrault et Cie

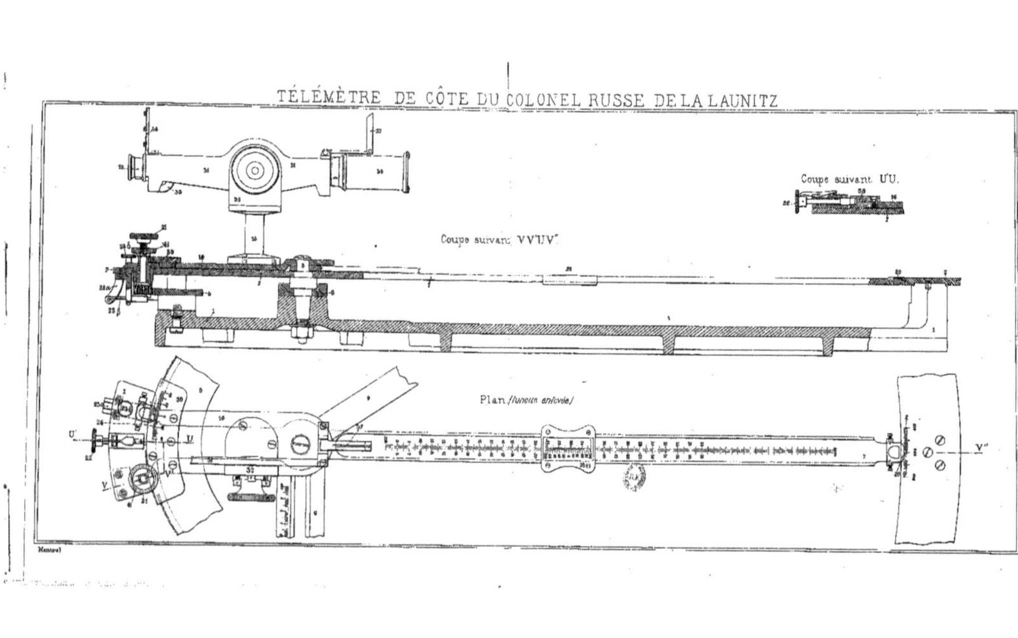
TÉLÉMÈTRE DE CÔTE DU COLONEL RUSSE DE LA LAUNITZ
Coupe suivant U'U.
Coupe suivant VV'UV"
Plan (lunette enlevée)

Nancy, impr. Berger-Levrault et Cie

www.ingramcontent.com/pod-product-compliance
Ingram Content Group UK Ltd.
Pitfield, Milton Keynes, MK11 3LW, UK
UKHW020454230726
13925UKWH00005B/1927

9 782013 549271